好奇心书系
我爱自然丛书

认识美丽的瓜果

钟茗 李姝 编著

翻阅季节，总会发现有许多梦想在等待我们去采撷；面对人生，我们应该懂得：丰实每个日子的过程，其实就是铸造生命辉煌的过程。当把孤独当成了滋养生命的环境，把坚强当成茁壮生命的营养，把美丽当成牵引生命的指针，那么，我们又何愁不会拥有瓜果飘香的人生呢？

摄　影：康　鸣 钟　茗 王　锋 李迎红
聂万红 奚泾梅 蒋　勤 高　潞
费晓勤 梨　子 李　伟 车福君
文字\摄影助理：曾　航 奉　建 谭金刚
邓惠义 杨　静

重庆大学出版社

图书在版编目(CIP)数据

认识美丽的瓜果/钟茗，李姝编著.—重庆：重庆大学出版社，2009.6

(我爱自然丛书)

ISBN 978-7-5624-4882-2

I.认… II.①钟… ②李… III.水果—普及读物 IV.S66-49

中国版本图书馆CIP数据核字（2009）第080632号

好奇心书系
我爱自然丛书

认识美丽的瓜果

钟茗 李姝 编著

好奇心书系主编:李元胜 副主编:张巍巍 郭 宪
责任编辑:梁 涛 李竹君 版式设计:周 娟 钟 琛
责任校对:文 鹏 责任印刷:赵 晟
摄 影:康 鸣 钟 茗 王 锋 李迎红 聂万红 奚泾梅
蒋 勤 高 潞 费晓勤 梨 子 李 伟 车福君
文字\摄影助理:曾 航 奉 建 谭金刚 邓惠文 杨 静

*

重庆大学出版社出版发行
出版人:张鸽盛
社址:重庆市沙坪坝正街174号重庆大学（A区）内
邮编:400030
电话:(023) 65102378 65105781
传真:(023) 65103686 65105565
网址:http://www.cqup.com.cn
邮箱:fxk@cqup.com.cn（营销中心）
全国新华书店经销
重庆三联商和包装印务有限公司印刷

*

开本：787×1092 1/16 印张：5 字数：77千
2009年6月第1版 2009年6月第1次印刷
印数：1—5 000
ISBN 978-7-5624-4882-2 定价：23.00元

又到瓜果飘香时……

瓜果之于大多数人，是一些再普通再平凡不过的东西，我却一直怀着敬仰的心去看待它们，总觉得人类的进化还是一个过程，它们却已到达了生命最终的状态，仿佛老僧人定般，千百年来一直沉静地注视着人类的战争与和平、仇恨与爱怜，不发表一句评论。

而今无论在哪里，我们总能看到盛满各种瓜果的果篮，瓜果浓郁的芬芳浸润着心魄，火辣的眸光灼热地穿透着心扉，鲜亮的诱惑沉淀着情绪。也许任何生命的形式都是这样，人们只看到它辉煌的时刻，却没有透视其背后的艰辛。古老的土地总是默默翻起深红色的胸膛，让一颗颗生命的种子在里面深藏，用厚重博大的情爱哺育着一个个丰实的季节。透过晶亮的色泽去透视其纯美甘甜的内核，我们知晓成熟的生命缘于一个不断递进坚强的过程，只有敢于拥抱阳光，敢于拥抱风雨，才能铸造生命的丰盈。

翻阅季节，总会发现有许多梦想在等待我们去采撷；面对人生，我们应该懂得：丰实每个日子的过程，其实就是铸造生命辉煌的过程。当把孤独当成了滋养生命的环境，把坚强当成茁壮生命的营养，把美丽当成牵引生命的指针，那么，我们又何愁不会拥有瓜果飘香的人生呢？

细细回味写作的几多日子，内心像盛满了各种瓜果的果篮，里面装裹着一个圆满的愿望，飘逸着五颜六色的馨香；而今，随着这本小册子的诞生，我的内心又像是榨出了各种喜悦的果汁，只品一口，就可以酣醉我整个心房。

一次偶然的机会，我得以见到钟茗、康鸣、王锋、聂万红等朋友的摄影作品，超尘拔俗的清波微澜一直荡漾在我的灵魂深处。我由衷地感悟到：人，是自然的一分子，敬畏自然，和谐与共，乃人类生存之基；简单地生活，不为世俗所累，不须浮华炫耀，让灵魂高扬于红尘之上，感受智慧和慈悲的阳光。他们的瓜果作品俨然是一幅渲染着斑斓色彩的油画，色彩不仅透射出瓜果飘香的绚丽缤纷，更明媚着人性的至美情爱。为此，感谢李元胜先生及重庆大学出版社给了我与这些朋友合作的机会，我相信这将是一封献给大自然的绿色情书，怀着虔诚之心拜读此书，隐隐感到我像一个匍匐于大自然脚下的信徒，而捧于手中的是一个个色彩斑斓的梦想。

已经是早晨了，朝阳镀亮窗棂。合上书页，推开窗户，一缕阳光跳进屋子，照在那五彩的封面上，我蓦然发现一轮耀眼的光芒照亮了田园，照亮了树林，照亮了我的灵魂。

>> 目　录

杨桃

椰枣

椰子

樱桃

油桃

柚

枣

蛋黄果

温州蜜柑

红毛丹

柠檬

菠萝蜜

● 菠萝蜜

一说到菠萝蜜，多少会想到《大话西游》里至尊宝拿着月光宝盒，振臂狂呼的那句“般若菠萝蜜”！“菠萝蜜”是梵语，在佛教中是“到彼岸”之意思，拿来称呼一种水果，使人在品尝的时候也容易沉入了新的境界，想到那遥远的彼岸是不是金黄色，而充满着石蜜与醍醐（tí hú）一样的芳香呢？说起菠萝蜜来，我似乎就已经闻到了它侵略性浓郁的香味，忍不住地就想起它那金灿灿的果肉，舌间便泛起它那蜜一般的甜。

菠萝蜜，又名木菠萝、树菠萝，属桑科桂木属植物。原产于热带亚洲的印度，在热带潮湿地区广泛栽培。隋唐时从印度传入中国，称为“频那挲”（梵文Panasa音译），宋代改称菠萝蜜，沿用至今。现在盛产于中国、印度、中南半岛、南洋群岛、孟加拉国和巴西等地。菠萝蜜和菠萝其实没有什么关系。相反，我觉得菠萝蜜更像榴莲，表皮同样都布满状如金字塔般的锥刺，果肉都是金黄色，都有内核。菠萝蜜的外皮如锯齿，果实呈椭圆形，成熟的菠萝蜜为黄绿色或黄褐色，皮外长有六角形瘤状突起，坚硬有软刺。其果实硕大，是热带水果王国里的庞然大物，一般的菠萝蜜果实重10～30 kg，最重的可达到40 kg，是名副其实的水果之王。菠萝蜜属于侵略性的甜，每次打开菠萝蜜，那种浓烈万分的香会如水般溢出，屋里立刻弥漫着蜜糖般的香甜，因此，菠萝蜜又有一个好听的

菠萝蜜

名字——“齿留香”。剖开菠萝蜜后，果内有无数金黄色的、如酒盅般大小的肉包，它们整齐地排列在果蕊的四周，肉包肥厚柔软，清甜可口，香味浓郁。和一般水果不同的是，菠萝蜜的果实长在树干上，这种现象被称作“老茎生花”、“老茎结果”，这也是热带雨林的特征之一。菠萝蜜的树龄越大，果也就越大，堪称“老当益壮”。南宋的范成大在《桂海虞衡志》中写到“菠萝蜜大如冬瓜，削其皮食之，味极甘”，一句简单的话准确概括出菠萝蜜的大小、吃法以及味道。菠萝蜜有止渴、通乳、补中益气之功效。在吃菠萝蜜以前，先将其果肉放在淡盐水中浸泡数分钟，这种方法除可避免过敏反应的发生外，还能使果肉的味道更加醇美。

菠萝

• 菠萝

从小，菠萝就是我的最爱。记得小时候生病住院时，不像现在有新鲜菠萝，那时水果罐头比较流行，大家知道我爱吃菠萝，便不约而同地拎着各式各样的菠萝罐头到医院探视我。现在生活条件好了，大街小巷随处可见菠萝：均匀隆起的橙色小丘，一身粗糙的刺，上面一簇绿叶，倒像是绽开的花朵。街角卖菠萝的人，手里握着长长的刀，利索地削去菠萝外面粗糙的皮，又一刀一刀顺着纹路将果核去掉，几圈下来，手里已经是一只斜棱环绕干净漂亮的菠萝。

菠萝，又名凤梨，源见《台湾府志》："凤梨，叶薄而阔，而缘有刺，果生于叶丛中，果皮似波罗蜜而色黄，味甘而微酸，先端具绿叶一簇，形似凤尾，故名。"菠萝属凤梨科凤梨属植物，原产于南美洲，约1605年间传入中国，主要栽培地区有广东、海南、广西、台湾、福建、云南等省。菠萝果实营养丰富，果肉中除含有还原糖、蔗糖、蛋白质、粗纤维和有机酸外，还含有人体必需的维生素C、胡萝卜素、硫胺素、尼克酸等维生素。菠萝不只是丰富的水果来源植物，也是重要的经济作物。除大量供作水果食用外，加工制造菠萝罐头及饮料、果酱销售国内外，制作蜜饯、凤梨酥等甜点亦颇富盛名，尚可利用残渣制造酒、醋。吃菠萝时要先把菠萝切成片或块放在盐水中浸泡30分钟，然后再洗去咸味，就可以达到消除过敏性物质的目的，还会使菠萝味道变得更加甜美。在食肉类或油腻食物后，吃些菠萝对身体大有好处。另外，菠萝还可以入菜，"菠萝咕咾肉"、"菠萝牛肉"都是人们常吃的菜肴。

草莓

• 草莓

形如鸡心，红似玛瑙的草莓，是一种营养价值很高的水果，被人们冠上"水果王后"的称号。一提起草莓，我觉得那就是能掐出水的名词。当草莓静静地躺在甜品上面，只需轻轻一咬，便能回味过去许多酸酸甜甜的往事，忆起爱情最初的模样。都说草莓的味道就是幸福的味道，我想吃到草莓的人应该都是满载幸福的吧。

草莓，又名洋莓、红莓、地莓等，属蔷薇科草莓属植物，在全世界已知有50多种，原产于欧洲。据测定，每100 g草莓果肉中含糖8～9 g、蛋白质0.4～0.6 g，维生素C50～100 mg，比苹果、葡萄高7～10倍。而它的苹果酸、柠檬酸、维生素B_1、维生素B_{12}，以及胡萝卜素、钙、磷、铁的含量也比苹果、梨、葡萄的高3～4倍。由此可见，台湾人把草莓称为“活的维生素丸”，德国人把草莓誉为“神奇之果”，是不无道理的。

草莓还有较高的药用和医疗价值。从草莓植株中提取出的“草莓胺”对治疗白血病、障碍性贫血等血液病有较好的疗效。草莓味甘酸、性凉、无毒，能润肺生津、利痰、健脾、解酒、补血、化脂，对肠胃病和心血管病有一定防治作用。据记载，服饮鲜草莓汁可治咽喉肿痛、声音嘶哑症。在广州一带有一种野生地锦草莓，当地人将其茎叶捣碎用来敷疗疮有特效，敷蛇咬、烫伤、烧伤等也很

草莓

奏效。草莓汁还有滋润营养皮肤的功效，用它制成各种高级美容霜，对减缓皮肤出现皱纹有显著效果。草莓的食法比较多，常见的是将草莓冲洗干净，直接食用，或将洗净的草莓拌以白糖或甜牛奶食用，风味独特，别具一格。随着食品工业的发展，草莓已制成各种果酱、果冻、果脯、糖水罐头、果汁等。草莓的营养成分容易被人体消化、吸收，多吃也不会受凉或上火，是老少皆宜的健康食品。

吃草莓要注意两点：首先，不买畸形草莓。正常生长的草莓外观呈心形，但有些草莓色鲜个大，颗粒上有畸形凸起，咬开后中间有空心。这种畸形莓往往是在种植过程中滥用激素造成的，长期大量食用这样的果实，有可能损害人体健康。另外，草莓入口前一定要把好“清洗关”。草莓表面粗糙，不易洗净，用淡盐水或高锰酸钾水浸泡10分钟既能杀菌又较易清洗。

番石榴

• 番石榴

小时候西药罕有，只有中药，最简便的中药就是番石榴。天凉一闹肚子，母亲就随手在村边摘几张番石榴叶子，拿回来煎水，这真是神奇的药，半碗药水下去，居然好了。我对番石榴的感情大抵就从那会儿开始了。

番石榴，又名芭乐、拔子，因其种壳极硬，且不畏禽胃而随粪便排至鸟迹所到之处萌发生长，故还有“鸡矢果”之称，属桃金娘科番石榴属植物。番石榴是一种适应性很强的热带果树，原产于美洲热带，约17世纪末传入我国。现台湾、广东、广西、福建、

番石榴

江西等省均有栽培。番石榴虽和石榴名字相似，但和石榴可一点都不像，果形有球形、椭圆形、卵圆形及洋梨形，果实通常呈青色或淡黄色，熟透时也有的呈淡红色，果实中部有很多籽。好的番石榴肉质细嫩、柔软，肉汁丰富、清脆香甜、爽口舒心、常吃不腻。番石榴含有蛋白质、脂肪、糖类、维生素A、B族维生素、维生素C、钙、磷、铁，不仅营养丰富，更是养颜美容的最佳水果。以维生素C而言，番石榴的含量比柑桔、香蕉、木瓜、番茄、西瓜、凤梨都高，铁、钙、磷含量也很丰富，种子中铁的含量更胜于其他水果。果实具有治疗糖尿病及降血糖的药效，叶片也可治腹泻。果实除鲜食外，还可加工成果汁、浓缩汁、果粉、果酱、浓缩浆、果冻等。儿童及有便秘习惯或有内热的人不宜多吃。

佛手

• 佛手

我是从佛手精油中第一次听说了佛手。闻到佛手的香味，会马上想到阳光、健康、笑声，佛手有木质调的味道，这木质调的味道给人带来沉稳和温暖的感受。佛手，味道甜中带有些微甘，在平复情绪上有着显著的功效，颇有佛意在其间。

佛手，又名九爪木、五指橘、密罗柑、手柑、福寿柑，是枸橼的变种，属芸香科柑桔属植物。佛手原产于印度，地中海沿岸及中国，在我国佛手主产于福建、广

• 佛手

州、四川、江苏、浙江等省，多栽培于庭院或果园中。其中浙江金华佛手最为著名，被称为“果中之仙品，世上之奇卉”，雅称“金佛手”。

佛手果实色泽金黄，香气浓郁，形状奇特似手，千姿百态，让人感到妙趣横生，佛手的名称也由此而来。佛手的果实外皮黄绿色或橙黄色，有皱纹及油点，有凹凸不平的线状或点状维管束。佛手的果皮和叶含有芳香油，有强烈的鲜果清香，为调香原料；果实及花朵均供药用，为芳香健胃药，其果实入药，具有舒肝理气，和胃健脾，止呕化痰的功效，是治疗肝胃病的良药。佛手的果实还能提炼佛手精油，是良好的美容护肤品。

佛手不仅有较高的观赏价值，而且具有珍贵的药用价值、经济价值。佛手全身都是宝：其根、茎、叶、花、果均可入药，花与果实均可食用，可作佛手花粥、佛手笋尖、佛手炖猪肠等，有理气化痰、舒肝和胃、解酒之功效。

甜橙

• 甜橙

甜橙是可以让人愉悦的水果，拥有耀眼的阳光特质、温润的甜美气息，令人忘却烦忧。甜橙味美多受文人的追捧，人们常用橘绿橙黄比喻美好的时光。甜橙成熟之时还是菊花飘香的季节，为此宋代韩元吉在词中写到："菊美橙香还对酒。欢情似、那时重九。楼上清风，溪头明月，不道沈郎消瘦。"鲜美橙子加上美酒，还有那美丽景色，让人痴醉在此，人怎能不消瘦呢？

甜橙，又名金实、柑子、木奴、瑞金奴、桶柑、蜜桶柑、招柑，属芸香科柑桔属植物，原产于中国南方及亚洲的中南半岛。西汉时已有"黄柑、橙、榛"的记载（公元前117年）。甜橙分布在中国的13个省（自治区），主产于四川、广东、台湾、广西、福建、湖南、江西、湖北等省（自治区）。15世纪初期从中国传入欧洲，15世纪末传入美洲。在世界柑桔生产中，甜橙占的比例最大，年产量约占桔类总产量的2/3。

甜橙果实呈圆形或长圆形，果皮淡黄、橙黄或淡血红色，较韧滑。油泡平生微突，果肉橙黄色至血红色，柔软多汁、有香味，也常被用来做精油。果皮与果肉不易分离，果实含有大量的糖和一定量的柠檬酸以及丰富的维生素C，营养价值较高，色、香、味俱佳，是鲜食用的优良果品。甜橙被称为“疗疾佳果”，含有丰富的维生素C、钙、磷、β-胡萝卜素、柠檬酸、橙皮甙以及醛、醇、烯类等物质，但甜橙忌与槟榔同食。

龙眼

龙眼

龙眼又名桂圆，历史上有南“桂圆”北“人参”之称。历来被评为最吉祥的水果，桂圆中的“桂”与“贵”谐音，圆又可理解为“圆满”之意，所以被视为婚姻的吉祥物，多用于婚仪，预示婚姻圆满幸福，夫妻早生贵子。生活中常被人们谐音附会出高贵、名贵、尊贵、珍贵诸多美好的含义，可谓是大吉大利。

因其种圆黑光泽，种脐突起呈白色，看似传说中“龙”的眼睛，所以称之“龙眼”，又名益智、石硖（xiá），属无患子科龙眼属植物，原产于中国南方，是亚热带的珍果之一，主产于福建、广东、广西、四川等地，此外台湾、云南和贵州南部也有出产。新

• 龙眼

鲜的龙眼肉质极嫩，汁多甜蜜，美味可口，实为其他果品所不及，果实富含营养，自古受人们喜爱，更视为珍贵补品。李时珍在《本草纲目》中记载："食品以荔枝为贵，而资益则龙眼为良"，对龙眼倍加推崇。龙眼含有多种营养物质，有补血安神，健脑益智，补养心脾的功效，对病后需要调养及体质虚弱的人有辅助疗效。据药理研究证实，龙眼含葡萄糖、蔗糖和维生素A、B等多种营养素，其中含有较多的是蛋白质、脂肪和多种矿物质，这些营养素对人体都是十分必需的。特别对于劳心之人，耗伤气血，更为有效。

龙眼果实除鲜食外，还可制成罐头、酒、膏、酱等，亦可加工成龙眼干肉等。此外龙眼的叶、花、根、核均可入药，龙眼树木质坚硬，纹理细致优美，是制作高级家具的原料，又可以雕刻成各种精巧工艺品。

哈密瓜

哈密瓜一名之由来，传与进贡有关。据说，清朝康熙皇帝在品尝这种甜瓜时，曾询问此瓜叫何名，内侍只知为哈密郡王所献，就回奏是哈密瓜。从此，哈密瓜之名不胫而走。这个传说不一定真实，但哈密瓜之名始于康熙年间，则是有籍可据的。清《新疆回部志》云："自康熙初，哈密投诚，此瓜始入贡，谓之哈密瓜。"还有一种说法是新疆甜瓜运入内地多由哈密启运，所以人们习惯称其为哈密瓜。

哈密瓜，又名甘瓜、甜瓜，维吾尔语叫“库洪”，源于突厥语“卡波”，意思即“甜瓜”，属葫芦科甜瓜属植物，一年生蔓生草本植物。我国只有新疆和甘肃敦煌一带出产哈密瓜。新疆除少数高寒地带之外，大部分地区都产哈密瓜，最优质的哈密瓜产于南疆的伽师县、哈密和吐鲁番盆地。不同品种的瓜，其形态、颜色、皮纹也不一样。常见的优良品种有红心脆、炮台红、铁皮、青麻皮、华夏蜜宝、哈密加格达、小青皮、白皮脆和甘蜜宝等。哈密瓜有“瓜中之王”的美称，含糖量在15%左右，风味独特，有的带奶油味，有的含柠檬香，但都味甘如蜜，奇香袭人，饮誉国内外。哈密瓜不仅好吃，而且营养丰富，药用价值高。哈密瓜含有纤维素，苹果酸，果胶物质，维生素A、B、C，尼克酸以及钙、磷、铁等元素。

● 哈密瓜

其中铁的含量比鸡肉多两三倍，比牛奶高17倍。新疆人很爱食哈密瓜，认为多吃瓜可以祛病延年，这一说法不无道理。食用哈密瓜对人体造血机能有显著的促进作用，可以用来作为贫血的食疗之品。中医认为，甜瓜类的果品性质偏寒，还具有疗饥、利便、益气、清肺热止咳的功效，适宜于肾病、胃病、咳嗽痰喘、贫血和便秘患者。哈密瓜除供鲜食，还可制作瓜干、瓜脯、瓜汁。瓜蒂、瓜籽可入药治病，瓜皮喂羊能促肥增膘。哈密瓜有清凉消暑、除烦热、生津止渴的作用，是夏季解暑的佳品。

桔 

• 红桔

桔（jú）是和颜悦色的，永远温暖妥当，从起初开花到结果，甚至叶子都是浩然的香气。冬夜里取一个出来，握在手里，舒适的软使人觉得有简简单单的祥和，剥开来，满室生香。台湾著名漫画家蔡志忠说：如果拿桔子比喻人生，一种桔子是大而酸的，一种桔子就是小而甜的，一些人拿到大的就会抱怨酸，拿到甜的就会抱怨小；而有些人拿到小的会庆幸它是甜的，拿到酸的就会感谢它是大的。物之于人，有着多少暗示与启迪，我们采摘了自己的桔子，或甜或酸，却都品尝到了人生的真意、生命的自由。

桔，又名“橘子”，属芸香科柑桔属植物。桔原产于中国，主要产自长江中下游和长江以南地区。经阿拉伯人传遍欧亚大陆，桔至今在荷兰和德国都还被称为“中国苹果”。果实具有肥厚外皮，内藏由汁泡与种子构成的瓤瓣。李时珍《本草纲目·果部》说："橘实小，其瓣味微酢（cù，意与酸同），其皮薄而红，味辛而苦；柑大于橘，其瓣味酢，其皮稍厚而黄，叶辛而甘。"一般说来，果形正圆，色黄赤，皮紧纹细不易剥，多汁甘香的叫柑；果形扁圆，色红或黄，皮薄而光滑易剥，味微甘酸的叫桔。桔营养价值很高，含有非常丰富的蛋白质、有机酸、维生素以及钙、磷、镁、钠等人体必需的元素，这是其他水果所难以比拟的。桔不但营养价值高，而且还具有健胃、润肺、补血、清肠、利便等功效，可促进伤口愈合，对败血病等有良好的辅助疗效。此外，由于桔含有生理活性物质皮甙（dài），因此可降低血液的黏滞（nián zhì）度，减少血栓的形成，故而对脑血管疾病，如脑血栓、中风等也有较好的预防作用。而桔肉由于含有类似胰岛素的成分，更是糖尿病患者的

● 红桔

理想食品。但要注意，吃桔前后1小时不要喝牛奶，因为牛奶中的蛋白质遇到果酸会凝固，影响消化吸收。桔不宜多吃，吃完应及时刷牙漱口，以免对口腔牙齿有害。

杏

• 杏

出林杏子落金盘，齿软怕尝酸……橙黄的颜色，心形的模样，酸甜的味道，当我写下“杏”这个字的时候，味觉仿佛已经被唤醒。那颗硕大而美丽的杏，剥一枚，放入口中，酸而清洌，然后回甘，如淳酒一样。

杏，又名杏子，属蔷薇科杏属植物。原产于中国，约公元前1世纪传入地中海地区。杏是入夏后第一个上市的鲜果，以其果实早熟、色泽鲜艳、果肉多汁、风味甜美、酸甜适口为特色。杏性温，能润肺定喘、生津止渴，鲜食可治胃阴不足，口渴咽干，肺经燥热，咳嗽上气。据研究，杏是维生素B_1含量最丰富的果品，除具有很高的营养价值外，特别突出的是它含有较多的具有抗癌作用的物质：胡萝卜素，每100 g中含1.79 mg，还含有儿茶酚（fēn）、黄酮（tóng）类及苦杏仁苷（gān）等，这些物质都有防癌治癌功效。南太平洋上的岛国斐济，是世界上一个至今还没有癌症的国家。据说这个国家人人都有吃杏的特殊饮食习惯，天天不离。杏及杏产品具有很好的加工性能，也是出口创汇的重要产品。杏果肉可以加工成杏干、杏脯、杏汁、糖水罐头、果酱、话梅和果丹皮等。杏仁可制成高级点心的原料、杏仁霜、杏仁露、杏仁酪、杏仁酱、杏仁酱菜、杏仁油、杏仁粉等。

由于杏性温，一次不可食用过多，否则会上火。另外还需要注意：苦杏仁含有苦杏仁苷，可分解出毒性很强的氢氰酸。因此，如食用杏仁，须先在水中浸泡，并加热煮沸，使氢氰酸溶入水中或蒸发掉，而后再食用。

火龙果

一团熊熊燃烧的火焰，艳丽得炫目，这就是火龙果，一种生活在热带热情似火的水果。火龙果不仅是一种水果，更像是一处景观，美丽得让人不忍心下手。火龙果的贵族气质决定了其名士风度，名称中的“火龙”之谓强化了这一秉性。不过火龙果的味道实在不敢恭维，因此，李碧华惋惜，“火龙果的智慧与美貌不曾并重，可惜。”不过，总有人喜欢火龙果内心的清冽和平淡，以为是一种难得的“大隐隐于市”。

火龙果

火龙果，又名青龙果、红龙果，因其外表肉质鳞片似蛟龙外鳞而得名，她光洁而巨大的花朵绽放时，飘香四溢，盆栽观赏使人有吉祥之感，因而也称“吉祥果”。火龙果属仙人掌科量天尺属或蛇鞭柱属（火龙果有两个系列，红皮系列是量天尺属，黄皮系列是蛇鞭柱属），原产于中美洲热带地区，后引进海南省及广西、广东等地栽培。火龙果营养丰富、功能独特，它含有一般植物少有的植物性白蛋白及花青素，丰富的维生素和水溶性膳食纤维。火龙果的枝条和花朵因渗透压极低而具备的独特黏液中，含有大量药效显著的营养性物质和治疗性物质。因此，火龙果具有预防便秘、促进眼睛保健、增加骨质密度、帮助细胞膜形成、预防贫血和抗神经炎、抗口角炎、降低胆固醇、美白皮肤防黑斑的功效外，还具有解除重金属中毒、抗自由基、防老年病变、瘦身、防大肠癌等功效。而较新的研究结果显示，火龙果对抑止肿瘤的生长，防止病毒及抑止免疫反应等起到了积极作用。

火龙果全身是宝，从果皮到果肉都可以食用。火龙果花可制茶，也可作菜；果实可生食，也可制作新鲜果汁、鸡尾酒、果酱等，用途十分广泛。

梨

• 梨

梨，向来只适合一个人独享。从小就听人说梨不可分着吃，好像锋利的水果刀不仅会将梨切开，更会纷扰团聚的心。梨不能分着吃其实是一种民俗忌讳的说法，分梨喻为“分离”，不吉利，因此人们都不愿分梨吃，与其说这是迷信，我更愿意称它为一种愿望，希望合家团圆的美好心愿。

有“百果之宗”雅称的梨，属蔷薇科梨属植物。我国是梨属植物中心发源地之一，梨树栽培的历史在4 000年以上。梨的果实肉脆而多汁，酸甜可口，风味芳香优美。梨富含糖、蛋白质、脂肪、碳水化合物及多种维生素，对人体健康有重要作用。梨全身都是宝，梨果具有生津、润燥、清热、化痰等功效，适用于热病伤津烦渴、消渴症、热咳、痰热惊狂、噎膈（yē gé）、口渴失音、眼赤肿痛、消化不良，还可以加工制作梨干、梨脯、梨膏、梨汁、梨罐头等，也可用来酿酒、制醋；梨果皮具有清心、润肺、降火、生津、滋肾、补阴的功效；梨的根、枝叶、花有润肺、消痰的功效；梨籽含有木质素，是一种不可溶纤维，却能在肠中溶解，形成像胶质的薄膜，与胆固醇结合而排出；梨木细致、软硬适度，是雕刻印章和高级家具的原料。

梨

另外，梨的吃法也是多种多样的，民间对其有“生者清六腑之热，熟者滋五脏之阴”的说法。因此，生吃梨能明显解除上呼吸道感染患者所出现的咽喉干、痒、痛、音哑，以及便秘、尿赤等症状。此外，将梨榨成梨汁，或加胖大海、冬瓜子、冰糖少许，煮饮，对天气亢燥、体质火旺、喉炎干涩、声音不扬者，具有滋润喉头、补充津液的功效。要注意的是梨性寒凉，一次不要吃得过多。脾胃虚弱的人不宜吃生梨，可把梨切块煮水食用；吃梨时喝热水、食油腻食品会导致腹泻。

李 

李，有很多品种，布朗李、黑李、澳洲红李……但归根结底，都是李，“桃李满天下”的那个“李”。原本简洁的名字，在虚荣和浮华中变换成一种种好听的称呼，如同都市中的女孩，每天都能

• 李

变换一种造型。当然，我更钟情于李的口感，果肉和果皮在牙齿间翻滚，富有果味甘甜的汁水在舌尖流淌，就像徜徉在朴实简单的爱情中。

李，又名李实、嘉庆子，属蔷薇科李属植物，是一种落叶乔木李树的果实，原产于我国中原地区，其品种繁多。它的果实为圆形，果皮呈紫红、青绿或黄绿色，果肉为绿色或暗黄色，近核部呈紫红色。它口味甘甜，热量、脂肪含量低，其果皮中含有大量的抗氧化剂和营养物质；果实中还富含丰富的糖、维生素、果酸、氨基酸等营养成分，有生津利尿，清肝养肝，解郁毒，清湿热的作用。除鲜食外，还可制成干、蜜饯、罐头等，李干具有解渴和提神的功能，深受旅行者及从事高温作业者的欢迎。李的悦面养容之功十分奇特，将李花与梨花、樱桃花、蜀葵花、红白莲花、旋复花等研细为末用于洗面，百日光洁如玉，实为现代美容养颜不可多得的天然精华。李含高量的果

酸，多食伤脾胃，过量食用易引起胃痛；李同蜜及雀肉、鸡肉、鸡蛋、鸭肉、鸭蛋食，损五脏；勿同麋鹿肉食。

荔枝

● 荔枝

古今文人墨客对荔枝的赞美是其他水果无可比拟的，“妃子笑”曾是著名的朝廷贡品。荔枝在露出冰清玉洁的面容之前，始终被粉色的果膜面纱紧裹，它薄薄的外皮下面满是饱满圆润的果肉，甜美得令人心醉，这让吃荔枝的女人怎能不想起荔枝一样圆润而丰满的杨贵妃：“一骑红尘妃子笑”，“回眸一笑百媚生”。可惜荔枝不耐放，放置几天容易色味全非。白居易评说它“若离本枝，一日而色变，二日而香变，三日而味变，四五日外色香味尽去矣”。恰如女人的青春，一夜之间，讨厌的斑斑点点爬上了面庞，如荔枝变成了沉沉的黑红色，因此爱荔枝的女人怎能不多愁善感，为飞逝的时光和美貌暗自神伤！

荔枝，又名离枝、丹荔、水浮子、妃子笑，属无患子科荔枝属植物，原产于我国南部，在广东、广西、福建、四川、台湾、云南等地栽培最多。荔枝果实呈心形或球形，果皮具多数鳞斑状突起，呈鲜红、紫红、青绿或青白色，果皮新鲜时呈半透明凝脂状，多汁，味甘甜，含有丰富的糖分、蛋白质、多种维生素、脂肪、柠檬酸、果胶以及磷、铁等，是有益人体健康的水果。荔枝作为婚姻的吉祥果，主要是因为与“利子”谐音。民间用荔枝作为配偶双方互赠之物，举行婚仪，主要取有利生子之意。

大量进食荔枝极容易引发突发性低血糖症，出现头晕、口渴、恶心、出汗、肚子疼、心慌等现象，严重者会发生昏迷、抽搐、呼吸不规则、心律不齐等，这些症状就是大量食用荔枝后产生的突发性低血糖，医学上称之为荔枝急性中毒，也称“荔枝病”。研究发现，司机在开车前或开车时食用荔枝过多，不但不能及时补充糖分，反而还会增加发生交通意外的风险。

莲雾

第一次见到莲雾是在鼓浪屿，一堆红红的亮晶晶的小果子，薄而嫩的果皮仿佛包裹不住里面晶亮透明的果肉。几乎在一刹那，我知道这一定是林清玄笔下的莲雾。莲雾，是像莲一样超凡脱俗，从晨光晓雾里摘下来的吗？轻轻撮一颗莲雾，用牙齿磕开，幽幽的清香弥漫在口中，仿佛松树叶汁般的清香，果肉极脆而多汁，有些淡淡的清甜。一切都只是淡淡的，淡淡的，像是林清玄书中的笔触。

莲雾，又名天桃、辇雾、琏雾、爪哇蒲桃，属桃金娘科蒲桃属植物。莲雾原产于马来半岛及安达曼群岛，在马来西亚，印尼，菲律宾，中国的福建、海南和台湾普遍栽培。莲雾的外形像一个挂着的铃铛，把它放在地上又像一个莲台，因此被称为莲雾。莲雾种类有很多，不同的果色种类也不尽相同，但色彩都较为鲜艳，有清绿色、粉红色、大红色，等等。清绿色的丝丝清甜；粉红色的水分较多，甜中带酸；大红色的水分较少，但香甜可口。莲雾富含蛋白质，膳食纤维，糖类，维生素B、C等，是天然的解热剂，由于含有

● 莲雾

许多水分，在食疗上有解热、利尿、宁心安神的作用。此外，莲雾还是一种可治多种疾病的佳果，性味甘平，能润肺、止咳、除痰、凉血、收敛，主治肺燥咳嗽、呃逆不止、痔疮出血、胃腹胀满、肠炎痢疾、糖尿病等症。另外，台湾民间有“吃莲雾清肺火”之说，人们把它视为消暑解渴的佳果，习惯用它煮冰糖治干咳无痰或痰难咯出。莲雾果实中空（也有实的），状如蜡丸，在宴会席上人们还喜欢用它作冷盘，是解酒妙果。它淡淡的甜味中微带点酸，有一股苹果的清香，食后齿颊留芳。在莲雾中心挖个洞，塞进肉茸，用猛火蒸约10多分钟，是台湾著名的传统佳肴，美其名曰“四海同心”。用莲雾切片放盐水中浸泡一段时间，然后连同小黄瓜、红萝卜片同炒，不但色、形、味俱佳，而且清脆可口，是一道不可多得的夏令食疗佳肴。莲雾不耐储藏，一般室温下只能储存一周，采收包装后宜立即送往市场出售。莲雾以鲜果生食为主，也可盐渍、糖渍、制罐及脱水蜜饯或制成果汁等。

芒果

• 芒果

吃芒果是需要放慢节奏的，否则总难免要被它的夹杂不清所厌烦。扯一角皮下来，可不像香蕉那样“哧”一声痛快的就皮肉分离，它在这一点上似乎有点过于抒情，扯了皮连着肉，还要彼此执手不放，俩俩相望。然而，那散发出来的甜香，却影响了我多少心思啊。我总是愿意拿出十二分的耐心来对待它，因为好东西，总是值得我们为它逗留一些

• 芒果

时光的。

芒果，又名檬果、漭果、闷果、蜜望、望果、庵波罗果等，属漆树科芒果属植物。原产于印度及马来西亚，我国的台湾，广东，广西，海南，福建南部，云南南部、东南部和西南部有芒果种植。野芒果树的果实不能食用，印度人最先发现这种树，并栽培成可吃的芒果，还用它来遮蔽热带的骄阳，距今已有4 000多年的历史了。据传说，当时有个虔诚的信徒曾将自己的芒果园献给释迦牟尼，好让他在树荫下休息。至今，在印度的佛教和印度教的寺院里都能见到芒果树的叶、花和果的图案。芒果果实的大小、形状、色泽、纤维多少、核大小等，是区别芒果品种的主要依据。由于品种不同，芒果最大的重达几千克，最小的只有李子那么大；其形状也各有不同，圆形、椭圆形、心形、肾形、细长形均有；果皮颜色有青、绿、黄、红等色；果肉多汁，鲜美可口，味道有酸、甜、淡甜，兼有桃、杏、李和苹果的滋味。世界上许多国家都有各自喜爱的芒果品种。泰国人常常爱说自己的芒果是世界上最好的，泰国人喜爱一种叫“婆罗门米亚”的芒果，意思是“卖老婆的婆罗门”，传说有个酷爱芒果的婆罗门竟把老婆卖了买芒果吃，因此得名。印度人把阿方索芒果、佩珊芒果和孟加拉芒果当作珍品。斯里兰卡人喜爱的是鹦鱼芒果和卢比芒果。菲律宾人欣赏的是加拉巴奥芒果，近年来为了做生意，将它改名为马尼拉超级芒果。芒果色、香、味俱佳，营养丰富，食用芒果具有益胃、解渴、利尿的功用，成熟的芒果在医药上可作缓泻剂和利尿剂，种子则可作杀虫剂和收敛剂。由于芒果不便保鲜储藏和长途运输，因此人们往往把它加工成糖水罐头、蜜饯、果酒、果干、果酱、果冻等。

猕猴桃

猕猴桃

一直很贪恋猕猴桃肉质绵软的口感，偶翻唐诗，破天荒地读到了唐代诗人岑参的“中庭井栏上，一架猕猴桃”。诗句虽很平常，但却让我欣喜不已，因为距今千年时，猕猴桃就已经被栽进庭院了。之后不久，我才知道，猕猴桃最早是出现在《诗经》里的，那时，它叫苌（cháng）楚。于是，从《诗经》里，猕猴桃摇曳出了它婀娜的枝条，从唐诗里，我领略了

● 猕猴桃

它幽美的意境。

猕猴桃，因是猕猴最爱的一种野生水果，故名猕猴桃，又名藤梨、阳桃、白毛桃、毛梨子、布冬（贵州民间），属猕猴桃科猕猴桃属植物。很多人以为是新西兰特产，其实它的祖籍是中国，一个世纪以前才被引入新西兰。猕猴桃维生素C含量在水果中名列前茅，一颗猕猴桃能提供一个人一日维生素C需求量的两倍多，被誉为“维C之王”和“水果之王”。猕猴桃汁可抑制黑素瘤和皮肤癌的发生；猕猴桃富含精氨酸，能有效地改善血液流动，阻止血栓的形成；猕猴桃是少有的成熟时含有叶绿素的水果之一。多食用猕猴桃可以预防老年骨质疏松；抑制胆固醇在动脉内壁的沉积，从而防治动脉硬化；可改善心肌功能，防治心脏病等。在抗癌方面，具有抑制肠道内亚硝胺对组织的诱变作用。一些癌症患者食用猕猴桃后，可以减轻厌食和恶病质，还可以减轻患者作X线照射和化疗中产生的副作用或毒性反应。多食用猕猴桃，还具有阻止体内产生过多的过氧化物，防止老年斑的形成，延缓人体衰老。唐代医药学家陈藏器介绍猕猴桃的功效为“调中下气、主骨节风、瘫缓不随、长年白发”。现代医学研究分析，猕猴桃果实含有糖类，蛋白质中氨基酸丰富，还含有蛋白酶12种，维生素B_1、C、胡萝卜素以及钙、磷、铁、钠、钾、镁、氯、色素等多种成分。其维生素C含量是等量柑桔中的5～6倍。近年来有报道称：猕猴桃能阻断致癌物质——亚硝胺合成的活性成分，阻断率达98%，有抑制癌细胞的作用。因此，猕猴桃是滋补强身的上等果品。此外，其枝叶、根、藤都是很好的中药材。

番木瓜

● 番木瓜

在亚热带的水果中，番木瓜名气不小。台湾人称它为乳瓜，原因是在番木瓜的果实尚未成熟之前，如果用刀子在果实上划上一刀，就会流淌出一种白色的乳汁。番木瓜是我所见过的，生命力和“生育力”都极其旺盛的植物，只要气候适宜，不但好栽、好活、而且从移栽到挂果，只需6个月左右时间。番木瓜树更是特别，常青常绿不说，还常年都在不断地开花，不断地结果，四季都可以收获。花多为白色和浅黄色，硕大的叶痕，沿主干呈螺旋状由下而上布排，掌状的

番木瓜

叶片，呈羽状分裂，聚生于树杆顶端，形成了一个美丽的树冠，在树顶到树腰的叶柄根部果实聚生，挂果累累。

番木瓜，又名番瓜、石瓜、蓬生果、乳瓜、木冬瓜、万寿果、万寿匏、奶匏，属番木瓜科番木瓜属植物，原产于墨西哥南部以及邻近的美洲中部地区，17世纪传入我国，目前主要分布于广东、广西、云南和台湾等地。番木瓜与香蕉、菠萝并称热带三大草本果树，曾被世界卫生组织列为最有营养价值的十大水果之首，是一种营养价值高且有益健康的水果。其果实长椭圆形或瓠形，表面黄棕色或深黄色，有十条浅纵槽，长15～25 cm，直径7～12 cm，果皮肉质，有白色浆汁，含糖、蛋白质、钙和多种维生素，尤其是维生素A、B、C等含量丰富，是正气、助消化、治胃病的一种有益水果。在西双版纳，常见有人将半成熟的番木瓜，当作蔬菜食用。普遍的吃法有两种，一种是用来煮汤，味道清香微甜，鲜美爽口；另一种吃法是将其切成细丝，放入老醋、酱油、辣椒、味精等调料，凉拌了生吃。此外，番木瓜还可加工成果汁、果酱、蜜饯等。

枇杷

• 枇杷

记得成都望江楼前有与枇杷相关的楹联：“古井冷斜阳，问几树枇杷，何处是校书门巷？大江横曲槛，占一楼烟月，要平分工部草堂。”是在赞叹女诗人薛涛的旷世才华，而其退隐后的心事却只有楼前枇杷知晓了吧？又是一个冬天，我见到了枇杷花。这是极其素雅的花，淡白中透出鹅黄，团团簇簇的，隐在碧绿的叶子间。我在花间坐着，想着那个已不施粉黛的女子，直到落日只剩半竿。夕晖斜斜地映入花丛，暖着寒风中的小花，千年前亦是这般模样吧？

枇杷，因果实形似琵琶而得名，又名粗客、腊儿、蜡兄，属蔷薇科枇杷属植物。产自我国淮河以南地区，以安徽“三潭”最为著名。在徽州民间有“天上王母蟠桃，地上三潭枇杷”之说，与樱桃、

• 枇杷

梅子并称为“三友”。枇杷秋日养蕾，冬季开花，春来结子，夏初成熟，承四时之雨露，为“果中独备四时之气者”；其果实呈卵形、椭圆形、圆形等各种各样的形状，肉柔软多汁，酸甜适度，味道鲜美，被誉为“果中之皇”。枇杷不但味道鲜美，营养丰富，而且有很高的保健价值。《本草纲目》记载“枇杷能润五脏，滋心肺”，中医传统认为，枇杷果有祛痰止咳、生津润肺、清热健胃之功效。而现代医学更证明，枇杷果中含有丰富的维生素、苦杏仁甙和白芦梨醇等防癌、抗癌物质。枇杷中所含的有机酸，能刺激消化腺分泌，对增进食欲、帮助消化吸收、止渴解暑有相当好的作用。此外，枇杷果实及叶有抑制流感病毒作用，常吃可以预防四季感冒；枇杷叶可晾干制成茶叶，有泄热下气、和胃降逆之功效，为止呕之良品，可治疗各种呕吐呃逆；枇杷的种子还可酿酒及提炼酒精。

苹果

个性明朗、开放的苹果无疑是一种最平民化的水果了，老少咸宜，营养丰富。大抵好吃的苹果都或多或少有些斑斑点点，形象不佳，但却丝毫不影响它的口感，就像常人的爱情，有小小的缺陷，却让人自得其乐。

苹果

苹果，尽管中国古代很早就有种属与其十分接近的水果，但苹果这一名称却到明朝才正式出现。究其渊源，苹果是“苹婆果”的简称，“苹婆”起初写作“频婆”，而“频婆”又有过“平波”、“平坡”等同音异写。属蔷薇科苹果属植物，原产于欧洲东南部，土耳其及高加索一带。1870年前后始传入我国山东。成熟苹果的大小、形状、颜色和酸度因品种和环境条件的不同而差异很大，但通常呈圆形，带红色或黄色。苹果除生食外，烹食方法也很多，常用作点心馅。炸苹果常与香肠、猪排等菜肴同食，在欧洲尤其如此。

● 苹果

在众多水果之中，苹果可说是最普遍又最平和的一种，但它的营养价值却不容小觑（qù）。中医认为它可生津润肺，健脾开胃。营养学上的分析，指出苹果含有最多果糖，并含有多种有机酸、果胶及微量元素。苹果富含碳水化合物和维生素A、C，所含纤维素多，为身体所必需。它所含的微量元素钾能扩张血管，有利高血压患者，而锌亦是人体所必需，缺乏时会引致血糖代谢紊乱与性功能下降。它含有的微量元素锌，是构成与记忆力息息相关的核酸蛋白质不可缺少的元素，因此苹果还被称为“记忆之果”。苹果是碱性食品，吃苹果可以迅速中和体内过多的酸性物质，苹果果胶属于可溶性纤维，不但能促进胆固醇代谢，有效降低胆固醇水平，更可促进脂肪排出体外。由于苹果含有丰富的糖类、有机酸、纤维素、维生素、矿物质、多酚及黄酮类营养物质，被科学家称为“全方位的健康水果”。但须注意，如属脾胃虚寒型的慢性泄泻者，则须将苹果用锡纸包裹，先焗（jú）熟或煨熟才吃。

葡萄

● 葡萄

我特别喜欢秋夜月光下的葡萄园，在月光如水的夜里，缀满了晶莹的葡萄藤，一颗颗透明的宝石，在绿色的摇床里晃动着纯净的光芒，耀亮了孩子唇边垂涎的渴望，璀璨了一个个注满笑声的无邪目光。鲜亮明净的葡萄，曾诱惑了多少仰视者的眼睛，却无人能够读懂它的孤独冷清。

葡萄，又名蒲桃、草龙珠、山葫芦、李桃等，属葡萄科葡萄属植物，是世界最古老的植物之一。原产于欧美和中亚，在我国主要产于新疆、甘肃、山西、河北等地，长江流域以北各地也均有产出。浆果圆形或椭圆形，因品种不同，有白、青、红、褐、紫、黑等不同果色。葡萄不仅味美可口，而且营养价值很高，葡萄汁被科学家誉为“植物奶”。葡萄含糖量10%～25%，在葡萄所含的较多的糖分中，大部分是容易被人体直接吸收的葡萄糖，所以葡萄成为消化能力较弱者的理想果品。医学研究证明，葡萄汁可以降低血液中的蛋白质和氯化钠的含量，葡萄汁对体弱的病人、血管硬化和肾炎病人的康复有辅助疗效。葡萄是水果中含复合铁元素最多的水果，是贫血患者的营养食品。常食葡萄对神经衰弱者和过度疲劳者均有益处。葡萄制干后，糖和铁的含量均相对增加，是儿童、妇女和体虚贫血者的滋补佳品。葡萄籽95%的成分为原青花素，其抗氧化的功效比维生素C高出18倍之多，比维生素E高出50倍，因此，葡萄籽可说是真正的抗氧化巨星。葡萄除作为鲜食外，主要用于酿酒，还可制成葡萄汁、葡萄干和罐头等食品。

• 葡萄

人心果

• 人心果

人心果应该是最让人忐忑（tǎn tè）的水果了，因果实的纵切面像人的心脏形状，难免让人心怯，可品尝过它的味道后才知晓，原来人心果是来俘虏人心的。

人心果，又名吴凤柿，属山榄科铁线子属植物，原产于中美洲等地，中国主要分布在海南等地，是海南岛著名水果。人心果的主要栽培品种按果实形状、大小和色泽可分为：椭圆形、圆形（又称巴子固）、顶凹形、扁形（又称糖子固）；大果形、中果形、小果形、变异形；青肉类、褐肉类。人心果系浆果，形状像奇异果，结果时间很长，大概需要用一年，颜色从鲜黄至淡红褐色不一，果皮薄，成熟后灰色或锈褐色，果肉黄褐色，柔软，味甜微酸。未成熟的果含有很多单宁，有点酸涩又带胶质很黏牙，像吃有沙的香口胶，摘下后需存放几天，将果肉催熟再吃。成熟的人心果果实芳香爽口、口感绵密、齿后留香，可以在洗净后削皮直接吃，或者将籽除掉切片再吃，也可以切半后使用汤匙挖来吃。除鲜食外还可加工制作果酱、果汁及果珍等。人心果营养丰富，含有大量葡萄糖和多种维生素，有清心润肺之功效，对心脏病、肺病和血管硬化有辅助疗效。人心果可以说一身都是宝，人心果树富含胶状乳液，称为“奇可胶”，是制造口香糖的高档环保胶基。人心果树四季常绿，树形优美，常用作行道树和绿化、观赏树种。人心果的种子、树皮和根可入药，是经济价值高的树种。

桑椹

也曾有过爬桑树摇桑椹（shèn）的回忆，但记忆却已模糊。我已不记得是否为小小桑椹跟伙伴闹过别扭，也不记得是否因为摇桑椹而受过大人责骂，只依稀记得成熟的桑椹，常惹得我站在树下流一地口水。许多年后的今天，我仍对桑椹情有独钟。现在的桑椹看上去比以前更加饱满光鲜了，但含在口里细细品味，却为何再也品不出儿时的甘甜呢？是缘于我对童年的一切都固执地怀有一种美好的感念，还是人生的酸甜苦辣已渐渐麻木了我的味蕾？说不清，也许二者兼而有之吧。

桑椹，又名桑果、桑实，属桑科桑椹属植物。早在2 000多年前，桑椹已是中国皇帝御用的补品。因桑树特殊的生长环境，使桑果具有天然生长、无任何污染的特点，所以桑椹又被称为“民间圣

• 桑椹

果”。桑树于每年四月间所结之果实即为桑椹，初时由青白色而至浅红色，成熟时则为紫黑色，桑椹味道甘而微酸，香气淡雅。它含有丰富的活性蛋白，维生素，氨基酸，胡萝卜素，矿物质，葡萄糖，蔗糖，果糖，鞣（róu）质，苹果酸，钙，维生素B_1、B_2、C，尼克酸等成分，营养是苹果的5～6倍，是葡萄的4倍，具有多种功效，可生食或加工成果浆、饮料，具有滋阴补血、生津润燥、清肝明目、润肠通便、安神镇魄等功效。现代研究表明，桑果含有丰富的糖类、有机酸、脂类、维生素、鞣酸、花青素、矿物质等，具有调节免疫、促进造血细胞生长、抗诱变、抗衰老、降血糖、降血脂、护肝等保健作用。被医学界誉为“21世纪的最佳保健果品”。要注意的是，肠胃不好，有便泄的人不适合吃桑椹。

山楂 

• 山楂

又到了冬季，不禁使人想起儿时拿着冰糖葫芦的甜蜜时光，街头巷尾都可见到那山楂制成的红似玛瑙的冰糖葫芦，亦能听到“都说冰糖葫芦儿酸，酸里面它裹着甜……”的富有生活哲理的歌谣。山楂糖葫芦既给孩子们带来了欢乐，也常为大人们找回那童年的温馨……

山楂，又名红果、棠棣、绿梨、北山楂、山里果儿和山里红，属蔷薇科山楂属植物，原产于我国，栽培历史悠久。山楂果实近球形，红色，味酸甜，除可以鲜食外，可制成山楂片、果丹皮、山楂糕、红果酱、果脯、山楂酒等。山楂有很高的营养和医疗价值。因老年人常吃山楂制品能增强食欲，改善睡眠，保持骨和血中钙的恒定，预防动脉粥样硬化，使人延年益寿，故山楂被人们视为“长寿食品”。山楂富含糖类、蛋白质、脂肪和钙、磷、铁等矿物质，所含的解脂酶能促进脂肪类食物的消化，促进胃液分泌和增加胃内酶素等功能。中医认为，山楂具有消积化滞、收敛止痢、活血化淤等功效。主治饮食积滞、胸膈痞（pǐ）满、疝气血淤闭经等症。山楂中含有山萜（tiē）类及黄铜类等药物成分，具有显著的扩张血管及降压作用，有增强心肌、抗心律不齐、调节血脂及胆固醇含量的功能。山楂只消不补，脾胃虚弱者不宜多食。健康的人食用山楂也应有所节制，尤其是正处于牙齿更替时期的儿童，长时间贪食山楂或山楂片、山楂糕等，对牙齿生长不利。

● 山楂

石榴

● 石榴

石榴，最古典的水果，也最能登大雅之堂。浑圆红润的外表外带一朵张开的花，拨开外皮，才发现里面完美得令人瞠目。它的内部分成好几块，每一块都有一层薄薄的果衣包着，拿走这层果衣，看到那么多果肉密密麻麻地挤着、闹着、笑着，像无数个眼睛望着你在笑。那份晶莹剔透，那份七巧玲珑心，是任何画家都不能用色彩表达出来的。石榴是观赏性大于品尝性的水果，就像琼瑶小说里的那些心有千千结的爱情故事，欲言又止，惹人爱怜。

石榴，又名安石榴、若榴、丹若、金罂（yīng）、金庞、涂林，属石榴科石榴属植物。原产于西域，汉代传入我国，目前栽种的地区有陕西省的临潼、乾县、三原，安徽省的怀远、萧山、濉（suī）溪、巢县，江苏省的苏州、南京、徐州、邳县等，云南省的蒙自、巧家、建水、贡呈，四川省的会理等地区。石榴传入我国后，因其花果美丽，栽培容易，深受人们喜爱。它被列入农历5月的“月花”，因此也称5月为“榴月”。成熟的石榴皮色鲜红或粉红，常会裂开，露出晶莹如宝石般的子粒，酸甜多汁，虽吃着麻烦，却回味无穷。因其色彩鲜艳、子多饱满，常被用作喜庆水果，象征多子多福、子孙满堂。石榴成熟于中秋、国庆两大节日期间，是馈赠亲友的喜庆吉祥佳品。石榴的营养特别丰富，含有多种人体所需的营养成分，果实中含有维生素C、B族维生素、有机酸、糖

类、蛋白质、脂肪以及钙、磷、钾等矿物质。据分析，石榴果实中含碳水化合物17%，水分79%，糖13%～17%，其中维生素C的含量比苹果高1～2倍，而脂肪、蛋白质的含量较少，果实以鲜吃为主。

• 石榴

柿

● 柿

小时候在长治待过一段时间，记忆深刻的是在柿子红了的季节，走在长治的乡野上、地边、崖畔和庄户人的院子里，到处都能看到柿子树的踪影。对于柿子树，长治人有着近乎图腾般的崇拜，她生命力顽强，寿命很长，从不挑剔生存条件，无论多么贫瘠的土地，它都能长得枝繁叶茂，一颗柿子树常常祖辈流传几代甚至几十代人。

柿，又名金果、米果、猴果、猴枣、大盖柿、镇头迦等，属柿子树科柿属植物，原产于我国，至今还有很多国家把柿称为“中国的无花果”。柿是金秋的时令鲜果。在水果中，柿的甜味居于首位，被人们称为“最甜的水果”。柿除鲜食外，多制成柿饼，亦称柿桃，可用作点心馅。柿营养丰富，含有大量的维生素和碘，能治疗缺碘引起的地方性甲状腺肿大；能有效补充人体养分及细胞内液，起到润肺生津的作用；柿中的有机酸等有助于胃肠消化，增进食欲，同时有涩肠止血的功效；柿能促进血液中乙醇的氧化，帮助机体对酒精的排泄，减少酒精对机体的伤害；柿有助于降低血压，软化血管，增加冠状动脉流量，并且能活血消炎，改善心血管功能。但要注意，空腹不能吃柿，因它含有较多的鞣酸及果胶，在空腹情况下会在胃酸的作用下形成大小不等的硬块。另外，柿皮是不宜吃的，因为鞣酸绝大多数集中在皮中，在柿脱涩时，不可能将其

柿

中的鞣酸全部脱尽，如果连皮一起吃更容易形成胃柿石。此外，柿也不要与含高蛋白的蟹、鱼、虾等食品一起吃。

无花果

那年行至威海，和无花果来了一次亲密接触。威海的无花果树非常多，随处可见，随意地走着，不经意间就能看到枝叶繁茂的无花果树，宽阔的叶子张扬着伸出院墙。城里的大街小巷，都能见到推着小车或挎着篮子卖无花果的人，他们的一声声吆喝，和着那阵阵甜丝丝的清香，成为这城市的一道独特风景。熟透了的无花果皮儿非常好剥，只要用手轻轻捏住果蒂，往下一撕，便露出果肉。仔细看来，一粒粒细小的、熟透了的籽密密匝匝地聚集在一起，润泽晶莹，颜色鲜红。咬到嘴里，软而甜香，慢悠悠地嚼着，听一颗颗籽粒发出脆脆的响音，真是醇美的享受。

无花果，又名映日果、奶浆果、蜜果、树地瓜、文先果、明目果，属桑科无花果属植物，原产于阿拉伯南部，后传入叙利亚、土耳其等地，大约在唐代传入我国，至今有1 300余年。目前除东北、西藏和青海外，我国其他省（区）均有无花果分布。无花果是人类最早栽培的果树树种之一，从公元前3 000年左右至今已有近5 000年的栽培历史。传说古罗马时代有一株神圣的无花果树，因为它曾庇护过罗马创立者罗募路斯王子，躲过了凶残的妖

• 无花果

无花果

婆和啄木鸟的追赶，这株无花果后来被命名为“守护之神”。在地中海沿岸国家的古老传说中，无花果被称为“圣果”，作祭祀用果品。无花果果实皮薄无核，肉质松软，风味甘甜，具有很高的营养价值，其果实富含糖、蛋白质、氨基酸、维生素和矿质元素，并且含有丰富的蛋白质分解酶、脂酶、淀粉酶和氧化酶等酶类，它们都能促进蛋白质的分解。因此，当人们多食了富含蛋白质的荤食以后，以无花果做饭后的水果，有帮助消化的良好作用。在浴盆中放入干燥的无花果叶片，有暖身和防治神经痛、痔瘘、肿痛的效果，同时还具有润滑皮肤的美容作用。无花果最重要的药用作用表现在对癌症的显著抑制作用方面，它的抗癌功效也得到世界各国公认，被誉为“21世纪人类健康的守护神”。无花果除鲜食、药用外，还可加工制干、制果脯、果酱、果汁、果茶、果酒、饮料、罐头等。

西番莲

• 西番莲

散文家舒正曾这样描写西番莲："渴望有一位天工巧匠，将西番莲的花瓣拼成一件艳丽、典雅、高贵的衣服，穿在身上，那时怕心也醉了呢。"想见，西番莲是高洁、雅致的。

西番莲，鲜果形似鸡蛋，果汁色泽类似鸡蛋蛋黄，故得别称"鸡蛋果"。又名百香果、热情果、巴西果，亦有热情之果的雅称，属西番莲科西番莲属植物。西番莲大都原产于美洲热带地区，是一种集香蕉、菠萝、荔枝、番石榴、芒果、酸梅、草莓、杨桃等数十种水果香味于一身的新型水果，被台湾人称誉为"百香果"。据测定，目前已知西番莲果实含有超过132种以上的芳香物质，是世界上已知最芳香的水果之一，有"果汁之王"的美誉。西番莲可谓浑身上下都是宝：花可作观赏，果可以榨汁，茎、叶、花都可以入药用来治疗焦虑症。西番莲甜酸可口，风味浓郁，芳香怡人，最适于加工成果汁，或与其他水果（如芒果、菠萝、番石榴、柑橙和苹果等）加工混配成混合果汁，可以显著地提高这些水果汁的口感与香味，也可以做冰淇淋的果汁添加物质，或作为其他食品的添加剂以增进香味，改进品质。

• 西番莲

西瓜

● 西瓜

西瓜是一种最令人快乐的水果，无论是吃的过程还是买的过程，吃西瓜，一打两半，用勺挖着吃，幸福满足。买西瓜，绝对是一种暗箱操作，捧着放耳边敲一敲，懵懵懂懂，不知可否，如果红瓤黑籽众人皆大欢喜，直吃得眉飞色舞；切开是白瓤白子，每个人也要争相目睹，甚至有的还要咬上一口，体验那种遗憾的快乐。

西瓜，原产于非洲，因是在汉代从西域引入，故称“西瓜”，又名夏瓜、寒瓜、青门绿玉房，属葫芦科西瓜属植物。而今全国大部分地区均可栽培，莱西市河头店镇出产的南岚西瓜以瓤沙、味甜、水多、营养丰富而闻名。西瓜果实呈圆形或椭圆形，皮色有浓绿、绿、白或绿色夹蛇纹等。瓤多汁而甜，呈浓红、淡红、黄或白色，西瓜甘味多汁，清爽解渴，是盛夏佳果，含有大量葡萄糖、苹果酸、果糖、蛋白氨基酸、番茄素及丰富的维生素C等物质，是一种富有营养、纯净、食用安全的瓜果，堪称“瓜中之王”。西瓜对治疗肾炎、糖尿病及膀胱炎等疾病有辅助疗效。西瓜很少有浪费的，瓜肉可以榨汁，也可腌渍、制密饯、果酱和饲料；瓜子炒熟可以消遣时食用，其含油量达50%，可榨油、炒食或作糕点配料；瓜皮可以入药，可以炒菜，还可以美容。

香蕉

芭蕉、香蕉似乎永远干扰着我们的视线，古人更偏爱芭蕉，雨打芭蕉成了愁绪代言词，却很少拿香蕉做诗，翻遍全唐诗，找到一首。司空曙肠胃不好，朋友就送了香蕉给他。他回赠枇杷叶，并做诗答谢："倾筐呈绿叶，重叠色何鲜。讵（jù）是秋风里，犹如晓露前。仙方当见重，消疾本应便。全胜甘蕉赠，空投谢氏篇。"却也道破香蕉的重要功效。

香蕉，又名甘蕉、芎蕉，属芭蕉科芭蕉属植物，原产于亚洲东南部，我国台湾、广东、广西、福建、四川、云南、贵州等地也均有栽培，以台湾、广东最多。香蕉营养丰富，鲜果肉质软滑、香甜可口，是广受欢迎的热带水果。欧洲人因它能解除忧郁而称它为"快乐水果"，而且香蕉还是女孩子们钟爱的减肥佳果。香蕉又被称为"智慧之果"，传说是因为佛祖释迦牟尼吃了香蕉而获得智慧。香蕉营养高、热量低，含有称为"智慧之盐"的磷，又有丰富的蛋白质、糖、钾、维生

香蕉

素A和C，同时膳食纤维也多，是相当好的营养食品。香蕉除了润肠通便外，它还有清热解毒、润肺止咳、降低血压和滋补等作用。香蕉可作粮食、水果外，还可加工淀粉、罐头、果酱、果泥、蕉干、炸蕉片、酿酒等，蕉秆可制纸、绳，茎、叶、果皮作牲畜饲料及肥料，乳汁可作染色剂。民间验方更有用香蕉炖冰糖，医治久咳；用香蕉煮酒，作为食疗。近代医学建议，用香蕉可治高血压，因它含钾量丰富，可平衡钠的不良作用，并促进细胞及组织生长。从营养角度看，香蕉是淀粉质丰富的有益水果，而从中医学角度去分析，香蕉味甘性寒，可清热润肠，促进肠胃蠕动，但脾虚泄泻者却不宜。

杨梅

● 杨梅

对于杨梅的喜爱，与其说是喜欢它的美味，更不如说是欣赏它的完美无瑕。从杨梅山到杨梅树，从杨梅果到杨梅酒，杨梅给人的感觉是清纯中透着华美，质朴里蕴含高贵。“折来鹤顶红犹湿，剜却龙睛血未干。”说的是杨梅色泽的美艳。“矢口但便甜似蜜，宁知奇处是微酸。”说的是杨梅味道的独特。“玉盘杨梅为君设，吴盐如花皎白雪。”说的杨梅装盘后的华贵。杨梅的好处，大约在于它的色、形、味都是美轮美奂的。

杨梅，又名树梅、珠红，属杨梅科杨梅属植物，原产于我国温带、亚热带湿润气候的山区，目前日本和韩国有少量栽培，东南亚各国，如印度、缅甸、越南、菲律宾等也有分布，但因其果形小、味酸，多种植在庭院供作观赏，或作糖渍食用，没有作为经济

● 杨梅

果树栽培。据测定：优质杨梅果肉的含糖量为12%～13%，含酸量为0.5%～1.1%，富含纤维素、矿质元素、维生素和一定量的蛋白质、脂肪、果胶及8种对人体有益的氨基酸。杨梅的叶、根与枝干表皮富含单宁，可提炼黄酮类与香精油物质，以作医疗上的收敛剂。杨梅的核仁中含有维生素B_{17}，这是一种抗癌物质，还含粗蛋白32%、粗脂肪21%，被称为高蛋白、高植物油脂食品，可供炒食或榨油。

杨梅有生津止渴、健脾开胃之功效，多食不仅无伤脾胃，且有解毒祛寒之功效。《本草纲目》记载，“杨梅可止渴、和五脏、能涤肠胃、除烦愦（kuì）恶气。”杨梅果实、核、根、皮均可入药，性平、无毒。果核可治脚气，根可止血理气，树皮泡酒可治跌打损伤，红肿疼痛，等等。用白酒浸泡的杨梅，盛夏时节，食之会顿觉气舒神爽，消暑解腻。腹泻时，取杨梅熬浓汤喝下即可止泄，具有收敛作用。杨梅具有消食、除湿、解暑、生津止咳、助消化、御寒、止泻、利尿、防治霍乱等多种医药功能，有“果中玛瑙”之誉。

杨桃

杨桃

极具时尚气息的杨桃有一个乖僻的名字叫“五敛子”，因为其果实横向切开，天生的像一颗晶莹剔透的五角星，这也使得杨桃成为众多时尚杂志炙手可热的明星，人们对它外型的青睐更胜于味道，海外有些园艺家还把杨桃比喻为“软体翠玉”，很是贴切。

杨桃，又名五敛子，阳桃，洋桃，因横切面如五角星，故国外又称之为“星梨”，属酢酱草科五敛子属植物。原产于印度、越南，外观五菱型，未熟时绿色或淡绿色，熟时黄绿色至鲜黄色，单果重80 g左右。果皮呈蜡质，纤维少，果脆汁多，甜酸可口，芳香清甜。杨桃又分为酸杨桃和甜杨挑两大类。酸杨桃果实大而酸，俗称“三稔（rěn）”，较少生吃，多作烹调配料或加工蜜饯。甜杨桃可分为“大花”、“中花”、“白壳仔”3个品系，其中以广州郊区花地产的“花红”品味最佳，它清甜无渣，味道特别可口。杨桃食用时不必剥皮，但最好先把它的菱脊削掉。杨桃营养丰富，富含多种人体所需的微量元素，适合生食，果肉具有利尿止痛、祛热解毒、消食解酒、降压舒

杨桃

心等疗效。杨桃供鲜食，也可制蜜饯、果脯或果膏，因其形状可爱，也经常用作糕点的装饰和菜肴的摆盘。但杨桃鲜果，性稍寒，多食易导致脾胃湿寒，便溏泄泻，有碍食欲及消化吸收。

椰枣

• 椰枣

第一次了解椰枣是在CCTV“走进非洲”栏目，题为《椰枣，另一个生命源泉》，此前，我从未对任何一种水果产生过如此的敬畏之感。在非洲，椰枣是最常见的植物，具有惊人的生命力。只要有一定数量的水，不需要其他肥料，也不必人类照料，一棵椰枣树就能生存长大，年复一年地贡献果实和枝叶，最终成就自己的躯干。正因为如此，从阿特拉斯山区的绿洲到尼罗河谷，无论是绵延数十千米的树林，还是荒漠峭壁上的孤木，它高大的躯干总是那么挺拔，舒展的树叶总是那么妩媚。

椰枣，又名海枣、伊拉克蜜枣，属棕榈科刺葵属植物。原产于西亚和北非，是最早驯化的果树之一。枣椰树树干高大挺直，树叶呈羽状复叶形，叶片狭长，类似于椰树。枣椰树雌雄异株，果实状似枣，故由此得名枣椰树。椰枣比一般的枣外形要大，近似于长条形，里面有核，颜色和中国的蜜枣差不多。椰枣可直接吃，里面浸出的糖汁经过凝结，使其具有黏性，甜而不腻，肉软而烂，很好吃；也可煮食，煮过的椰枣又甜又面。椰枣极具营养，食用可以补中益气，止咳润肺，化痰平喘。其所含纤维素非常柔软，不会对敏感的胃肠造成伤害，可治疗胃溃疡。

椰枣树浑身是宝。椰枣有极高的营养价值，它含有对人体有用的多种维生素和天然糖分。不仅如此，椰枣可以制成各种糖果，高级糖浆、饼干和菜肴，也可用于制醋和酒精。椰枣树的枝条可以制作椅子、睡床以及装运水果、蔬菜、鸡鸭、鱼虾的筐子；叶子可以用来编席子、捆扫帚、制托盘等，还可以做燃料；树干用来建造农舍、桥梁；枣核可以做饲料；劣等椰枣则用来做肥料或饲料。

椰子

椰子最具热带风情，始终与沙滩、海水和阳光联系在一起，一如穿着草裙的海滩女郎般全身都充满诱惑。我迷恋所有椰子味的东西早在去海南之前就开始了：桌上永远放着几瓶刚从超市买回的易拉罐椰子汁；吃冰淇淋、糖果、点心、奶茶时永远选择椰子味。当酷爱椰子的我第一次来到三亚，兴奋地从路边店里买了一只真正的椰子捧在手上吮吸时，才了解到它真实的清甜滋味。

椰子

• 椰子

椰子，又名胥余、越王头、椰瓢、大椰等，属棕榈科椰子属植物，原产于亚洲东南部、中美洲，目前全球有80多个热带国家种植，菲律宾、印度、马来西亚及斯里兰卡更是椰子的主要产区。我国南方的很多省份也有栽培，其中以海南省的椰子最为著名，椰子已成为海南的象征，海南岛更被誉为“椰岛”。椰子树常生长在碧波粼粼的海边，挺拔而立。它的枝干笔直向上，没有任何枝杈，到了树顶才有羽毛状的大叶子。它的叶子宽大下垂，罩在树顶就像一把撑开的大伞，摇曳多姿令人喜爱。

新鲜的椰汁“清如水甜如蜜”，饮后清凉、甘甜、可口，风味独特，营养价值高，是解暑的最佳饮品；椰肉色白如玉，芳香滑脆。椰子富含蛋白质、脂肪，它除可作为水果食用以外，还可以做成菜肴或蜜饯：海南人常用海南优质糯米、天然椰肉及椰汁制成“椰子饭”，也称作“椰子船”。另外用椰子做成的菜肴还有：椰子炖鸡，琼州椰子盅等。椰汁及椰肉含大量蛋白质、果糖、葡萄糖、蔗糖、脂肪、维生素B_1、维生素E、维生素C、钾、钙、镁等。在吃椰子时，要先剥掉外皮，落出硬壳，硬壳上有几个白点，将其捅开，用吸管吸椰汁，之后用刀砍开椰壳，就可以用刀刮取内侧的白色果肉了。食用椰子的学问也很多，如椰汁离开椰壳味道则变；上午倒出的椰汁较甜，下午较淡等。

我国的中医认为，椰肉味甘，性平，具有补益脾胃、杀虫消疳的功效，久食能令人面部润泽，益人气力及耐受饥饿；椰水具有滋补、清暑解渴的功效；椰子壳油治癣，疗杨梅疮。

樱桃

樱桃，是一种可遇不可求的水果。新鲜的樱桃绝对有一种惊艳的味道，鲜红的颜色，饱满的外表，清新甘甜，就像是偶然邂逅的完美，让人既有一种一见钟情的激情澎湃，又有一种远离尘嚣的淡雅。但是，樱桃的保质期决定了它永远是水果中的昙花。这种完美的邂逅在短暂的灿烂之后，要么不了了之要么回归平淡，亦如爱情。

樱桃，又名莺桃、荆桃、楔桃、英桃、牛桃、樱珠、含桃，属蔷薇科樱桃属植物。樱桃成熟时颜色鲜红，玲珑剔透，味美形娇，其营养尤为丰富，它含有维生素B、C及钙、磷等矿物元素，其维生素A含量比葡萄、苹果、桔子多4～5倍。在水果家族中，一般铁的含量较低，樱桃却卓然不群，一枝独秀，每100 g樱桃中含铁量多达59 mg，居于水果首位。此外，樱桃的医疗保健价值颇高，常食樱桃

● 樱桃

可促进血红蛋白再生，既可防治缺铁性贫血，又可增强体质，健脑益智。樱桃营养丰富，且具有调中益气，健脾和胃，祛风湿，“令人好颜色，美志性”之功效，对食欲不振、消化不良、风湿身痛等症状均有益处。

樱桃还因其有润肌肤、悦颜色的功效而很受女士们的青睐，坚持用樱桃汁擦揉面部，可使“肌肤白皙红润、祛皱祛斑”，尤其是樱桃树根和根须，医家更是称它为女士的保护神。挑选樱桃时应选择连有果蒂、色泽光艳、表皮饱满者。樱桃性温热，不宜多食，因其不宜保存，最好鲜食。

油桃

• 油桃

夏天未到，大棚里的油桃便早早在市面上炫耀起自己的可人与美丽：光亮可鉴碧玉般的绿色托起桃尖一抹嫩嫩的粉红，犹如走出闺阁初见世事、含羞带赧的少女，浑身写满娇弱与尊贵。尽管此时价格不菲，小女人也禁不住感官的刺激，买下与家人共享油桃秀色。可能是缺少岁月的内涵和风雨的沐浴，早熟油桃缺少应季桃子的芳香和甜润，不由感慨：早熟的油桃就如装满心事的少女，美丽的外表下竟也有如此的不尽人意。

油桃，又名光桃、李光桃，其他任何桃的表面都是有毛的，但是油桃因其表面光滑如油、无毛，与苹果、李子的表面一样光滑，故称其为油桃，属樟科油桃属植物，原产于我国西北地区的甘肃、新疆一带，果实色泽艳丽、风味浓甜，深受人们的喜爱。油桃营养丰富，含糖13%、有机酸1.5%、果胶1%、蛋白质1.1%，每100 g果肉含维生素C12 mg、磷40 mg、钙12 mg、铁0.8 mg、镁14.5 mg。此外，还含有17种人体所需要的氨基酸类、胡萝卜素等。它有止咳化痰、补气健肾之功能，能降血压，可延年益寿，少儿食用能促进发育，提高智力。油桃由桃子改良栽培而成，比桃子甜，营养也丰富一些。一个新鲜油桃所含的维生素C，几乎可以满足成人一天所需。维生素C不仅有助于身体吸收铁和维护免疫系统，而且对合成皮肤的重要组成部分——胶原，至关重要。胶原还能促进伤口结疤，对伤口愈合十分重要。

● 油桃

柚

• 柚

柚是我喜欢的水果之一。喜欢吃柚，喜欢那样清淡闲适的感觉。如果说苹果代表着奔放的热情，香蕉代表着藏匿的思恋，那么最吸引我的，一定是柚那种仿若隐士般淡定的安宁。

柚，又名雪柚、朱栾、雷柚、气柑、团圆果、香抛等，属芸香科柑桔属植物。原产于中国、印度、马来西亚一带。在众多的秋令水果中，柚可算是个头最大的了，一般都在1 kg以上。它在每年的农历8月15左右成熟，皮厚耐藏，一般可存放3个月而不失香味，故有“天然水果罐头”之称。柚的果实大，球形或近于梨形，呈柠檬黄色；果肉白或红色，隔分成瓣，瓣间易分离。柚外型浑圆，象征团圆之意，所以也是中秋节的应景水果。更重要的是柚的“柚”和庇佑的“佑”同音，“柚子”即“佑子”，被人们认为有吉祥的含义。过年的时候吃柚象征着金玉满堂，柚和“有”谐音，是大柚大有的意思，除去霉运带来来年好运势。柚味道酸甜，略带苦味，含有丰富的维生素C及大量其他营养素，是医学界公认的最具食疗效益的水果。

现代药理学分析，柚之肉与皮，均富含枳（zhī）实、新橙皮苷、胡萝卜素、B族维生素、维生素C、矿物质、糖类及挥发油等。柚皮与其他含黄酮类的水果相似，有抗炎作用，柚皮复合物较之纯品其抗炎作用更强。现代医药学研究发现，柚肉中含有非常丰富的

柚

维生素C以及类胰岛素等成分，故有降血糖、降血脂、减肥、美肤养容等功效。经常食用，对糖尿病、血管硬化等疾病有辅助治疗作用，对肥胖者有健体养颜功能。

不过，吃柚也有禁忌。脾虚泄泻的人吃了柚会腹泻。一些病人在服用抗过敏药特非那定期间，若吃了柚或饮了柚汁，则出现头昏、心悸、心律失常等情况。

枣

● 枣

朴实无华、其貌不扬的枣，却以甘甜的美味胜出！枣树通常遍布桥头路边，低矮婆娑，路人想尝，只需举手之劳，不似鸭梨黄澄澄的高高挂在树梢，一不留意，掉到地上，不见踪影；不似江南的杨梅，树高不说，隐在深山老林，散散落落，很难寻觅；枣的美，经得起品尝。

枣，又名红枣、美枣、良枣，属鼠李科枣属植物。自古以来就被列为“五果”（桃、李、梅、杏、枣）之一，历史悠久。原产于我国，枣的品种很多，按果实大小分为大枣和小枣；按果大小与果形等性状结合起来分为小枣型、长枣型、圆枣型、扁圆型、缢痕枣、宿萼枣等6类。《诗经》已有“八月剥枣”的记载了。《礼记》上有“枣栗饴蜜以甘之”；并用于菜肴制作。《战国策》有

“北有枣栗之利……足食于民”，指出枣在中国北方的重要作用。在我国栽培枣树范围极广，北边达到辽宁的锦州、北镇一带，产量以山东、河北、山西、陕西、甘肃、安徽、浙江最多。最常见的是红枣，其果肉肥厚，色美味甜，富含蛋白质、脂肪、糖类、维生素、矿物质等营养素，因此，红枣历来是益气、养血、安神的保健佳品，对高血压、心血管疾病、失眠、贫血等病人都很有益。红枣最突出的特点是维生素含量高，在国外的一项临床研究显示：连续吃红枣的病人，健康恢复比单纯吃维生素药剂快3倍以上。因此，红枣有“天然维生素丸”的美誉。枣果味甜，富含维生素C，可生食，又可制蜜饯和果脯，还可酿酒，但枣忌与海鲜同食。

• 枣

蛋黄果

“谁家枝头结蛋黄”说的就是蛋黄果，在海南有幸遇到了，一种热带名贵水果，顾名思义，蛋黄果的果实像煮熟的鸡蛋黄一样，粉状柔软缺水分，因此被形象地称为蛋黄果。

蛋黄果，又名狮头果、蛋果、桃榄、仙桃，属山榄科蛋黄果属植物，原产南美北部，也栽培于其他热带地区。未熟时果绿色，成熟果黄绿色至橘黄色，形状有果球形、桃形、长卵形和纺锤形。果实除生食外，可制果酱、冰奶油、饮料或果酒。蛋黄果的风味独特且营养丰富，含有丰富的磷、铁、钙、维生素C、类胡萝卜素等营养物质及人体必需的17种氨基酸，具有帮助消化、化痰、补肾、提神醒脑、活血强身、镇静止痛、减压降脂等功效。平时新鲜的蛋

• 蛋黄果

黄果在树上是不能马上品尝的，采收后需要后熟三天至一周方可食用，因其果果汁较少，和吃蛋黄一样，食用时注意不要太大口，避免噎着。

• 蛋黄果

温州蜜柑

● 温州蜜柑

15世纪初，日本有一高僧到我国佛教天台宗的发祥地——天台国清寺进香以后，取道温州乘船回国。他在温州时，品尝了美味的瓯柑，就带了几篓回到日本，食后，把柑子的种子随意地抛洒在园子里，想不到几年以后，柑苗长大成树，开花结果。后来，在这些瓯柑树中，发现一株结出的瓯柑都是无核的，于是就用嫁接的方法几经改进，终于培育出无核柑新品种，也因此定名为“温州蜜柑”。

温州蜜柑，又名无核桔，属芸香科柑桔属植物，原产于浙江省温州市，据史书记载，温州栽培柑橘已有2 400多年历史。如今，温州蜜柑已是柑橘大家族中最兴旺的一员，从宝岛台湾到高原西藏，从五指山麓到汉中盆地以及世界各地，处处都能见到它的倩影。温州蜜柑皮薄无核、橙黄鲜艳、味甜如蜜，既可鲜食，又宜加工成糖水橘瓣罐头和果汁。蜜柑含有多种人体必需的营养成分，维生素C的含量非常丰富，此外，还含糖、有机酸、钙、磷、钾、陈皮素等物质，对心血管系统的扩张有较显著的药理作用，特别是对于高血压及心血管等症有较好的辅助治疗作用。因此，有高血压及心脏病的患者，在日常饮食中注意摄取一定量的蜜柑，不但能帮助消化，增进食欲，对整个病情的缓解和身体健康都是大有裨益的。然而，蜜柑性凉，故脾胃虚寒者在食用时应适可而止，不可贪多。

● 温州蜜柑

蜜柑的食疗方剂民间颇多，如咽喉肿痛时，用柑皮煮水代茶饮用、漱口，能缓解疼痛，消炎去肿；脾胃气滞、消化不良时，可以生食或者做成蜜饯食用，能收到通气快膈的效果；还可以用柑皮做成“醒酒汤”，在醉酒时饮用，可解酒醒脑。

红毛丹 

● 红毛丹

文坛才女李碧华曾经这样描述红毛丹：“红毛丹是西宫，比较妖冶、艳丽，果肉黏着核，夹缠不清。”夏天的三亚街头，大大小小的水果摊都会摆上这般妖冶的“红毛丹”，层层叠叠，垂涎欲滴。

红毛丹，又名毛荔枝、韶子、毛龙眼，原产于马来西亚，属无患子科韶子属植物，是东南亚著名水果之一，在中国适合种植的地方不多，属珍稀水果。“红毛”两字是因其红毛丹果皮上有红色茸毛而来。进入7月，红毛丹树满枝泛红，人们形容它是热带果园里的公主。红毛丹的果实呈球形、长卵形或椭圆形，串生于果梗上，大的如鸡蛋，小的如核桃，表皮呈红色，长着绿色软毛刺，形似“小刺猬”。果肉为白色，柔软而爽脆，质细而汁多，清香可口，味道甜美。裴渊在《广州记》中这样记载："韶，似栗。赤色，子大如栗，散有棘刺。破其外皮，内白如脂肪，著核不离，味甜酢，核似荔枝。"事实上，红毛丹除了外表和荔枝不相像外，从它的果肉到果核再到味道，都和荔枝极为相似。红毛丹果实营养丰富，可供鲜食和加工制罐头，还可制蜜饯、果酱、果冻和酿酒。种子含脂肪37%，油可制肥皂；树皮和树根含单宁及皂苷，新梢可作染料。此外，果树还可作为园林观赏树木。

红毛丹不仅外观美，而且营养丰富，其果实中富含碳水化合物、各种维生素和矿质元素等，长期食用可润肤养颜、清热解毒、增强人体免疫力。红毛丹供鲜食和加工制罐头，还可制蜜饯、果酱、果冻和酿酒。

• 红毛丹

柠檬

柠檬

柠檬永远是一种诱惑，它可能是精美菜色中的一丝装饰，也可能是醇香美酒中浸泡的一片点缀，但却永远不会成为一道菜或者一杯酒的全部内容。有了柠檬，餐桌上顿时生动起来，满桌琳琅，都比不上那片淡黄的鲜艳。菜点也因为有了柠檬的调理，有了匠心别具的鲜活滋味。于是有无数人迷恋柠檬，在各种浓烈甜腻的味道中，追逐那一丝直抵喉咙的酸味。难怪张小娴说，“只要自己觉得快乐和幸福，为什么不可以为了柠檬，为了风和云而飘洋过海？”

柠檬，又名柠果，洋柠檬，益母果，属芸香科柑橘属植物，原产于东南亚地区。柠檬的果实呈黄色，有光泽，椭圆形或倒卵形，顶部有乳头状突起，油胞大而明显凹入，皮不易剥离。柠檬之所以让人迷恋，就是因为它那极酸的味道。柠檬常作为饮料的调味品，如切一片柠檬放到一杯鸡尾酒里或是直接用鲜果压榨出果汁，再配以糖、冰块、冰水，搅拌后即可饮用。那淡淡的酸甜，一丝清香直沁人心脾，令人心神清爽，唇齿留香。柠檬是世界上最有药用价值的水果之一，它富含维生素C、柠檬酸、苹果酸、高量钠元素和低量钾元素等，对人体十分有益。吃柠檬还可以防治心血管疾病，有缓解钙离子促使血液凝固的作用，可预防和治疗高血压和心肌梗死。柠檬还可用于烹饪，其具有的香气，能解除肉类、水产的腥膻之气，并能使肉质更加细嫩。此外，柠檬生食还具有良好的安胎止呕作用，因此有“益母子”或“益母果”的美誉。

柠檬

好奇心是人类获得不断进步的基本动力，也是人类认识自然，理解自然的基本动力。重庆大学出版社与鹿角文化工作室携手打造的好奇心书系全部为图文并茂的原创自然读物。

我们的理想是——

让中国人的心灵浸透山野的清香

好奇心书系书目

自然随笔丛书

自然随笔丛书

昆虫之美　李元胜
野菜志　曾　珍
菜蔬小语　胡　弦
那些花儿——与100种野花的邂逅　郭　宪

我爱自然丛书

我爱自然丛书

亲近奇异的昆虫
认识田野的作物
提防身边的动植物
野外维生食物
熟悉园子里的蔬菜
观察淡水鱼
亲近野花野草
识别树木
认识美丽的瓜果
观察野鸟

野外识别手册丛书

野外识别手册丛书

常见昆虫野外识别手册　张巍巍
常见植物野外识别手册　刘全儒　王　辰
常见鸟类野外识别手册　郭冬生
常见蝴蝶野外识别手册　黄　灏　张巍巍

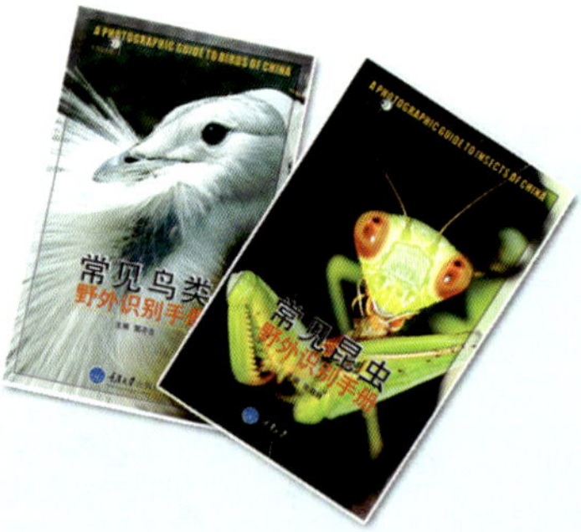